BEI GRIN MACHT SICH IHR WISSEN BEZAHLT

AF151828

- Wir veröffentlichen Ihre Hausarbeit,
  Bachelor- und Masterarbeit

- Ihr eigenes eBook und Buch -
  weltweit in allen wichtigen Shops

- Verdienen Sie an jedem Verkauf

Jetzt bei www.GRIN.com hochladen
und kostenlos publizieren

Jens Ender, Bernhard Wachall

Stadtmarketing, Business Improvement Districts, Geschäftsstraßenmanagement - Neue Wege für öde Straßen?

GRIN Verlag

Bibliografische Information der Deutschen Nationalbibliothek:

Die Deutsche Bibliothek verzeichnet diese Publikation in der Deutschen National-
bibliografie; detaillierte bibliografische Daten sind im Internet über http://dnb.d-
nb.de/ abrufbar.

Impressum:

Copyright © 2005 GRIN Verlag GmbH
Druck und Bindung: Books on Demand GmbH, Norderstedt Germany
ISBN: 978-3-638-79552-4

Dieses Buch bei GRIN:

http://www.grin.com/de/e-book/75758/stadtmarketing-business-improvement-dis-
tricts-geschaeftsstrassenmanagement

GRIN - Your knowledge has value

Der GRIN Verlag publiziert seit 1998 wissenschaftliche Arbeiten von Studenten, Hochschullehrern und anderen Akademikern als eBook und gedrucktes Buch. Die Verlagswebsite www.grin.com ist die ideale Plattform zur Veröffentlichung von Hausarbeiten, Abschlussarbeiten, wissenschaftlichen Aufsätzen, Dissertationen und Fachbüchern.

Besuchen Sie uns im Internet:

http://www.grin.com/

http://www.facebook.com/grincom

http://www.twitter.com/grin_com

Friedrich-Schiller-Universität Jena
Institut für Geographie

Exkursion:
Hessen

Hausarbeit zum Thema

Stadtmarketing, Business Improvement Districts, Geschäftsstraßenmanagement – Neue Wege für öde Straßen?

Vorgelegt von:

Bernhard Wachall

Jens Ender

Inhalt

1 Einleitung

Business Inprovement District – Hilfe für Bedrohte Handelslagen? Durch veränderte Rahmenbedingungen wurden in Nordamerika zum ersten Mal die BID's eingeführt. Sie wurden Anfang der 70er Jahre in Kanada erfunden. Seine Hauptsächliche Anwendung findet es im Einzelhandel, hat aber trotzdem auch die Möglichkeiten und das Potential die allgemeine Stadtentwicklungen zu verbessern und zu unterstützen. Die besondere Bedeutung im Einzelhandel entsteht durch die Schaffung vieler großer Center, die einen Kundenrückgang und damit auch einen Umsatzrückgang hervorrufen oder auch z.b. durch hohe Kriminalität.

Da diese Entwicklung weltweit vorzufinden ist, wird die Idee der Bid´s mittler Weile in vielen Ländern der Welt angewendet oder eine Umsetzung mit den dortigen Rahmenbedingungen angestrebt (Australien, Südafrika, Neuseeland, Brasilien, Jamaika und Europa (MENSING 2003 WWW.CIMADIREKT.DE)

2 Warum brauchen wir BID´s

Nach DALLGAHS (2004:3) wurde ein neues Konzept des Einzelhandels notwendig, um gegen die Entwicklung des Strukturwandels im Einzelhandel der letzten Jahre entgegenzuwirken. Dieser Strukturwandel im Einzelhandel wird durch das so genannte downgrading ausgelöst. Ein Externer Effekt (Kriminalität, Wegfallen von Geldern, politische Wechsel…) verursacht eine Verringerung des Konsums im Entsprechenden Bereich. Dadurch sinkt im entsprechenden Gebiet auch der Umsatz und einige Unternehmen verlassen den Bereich. Dadurch erhält die Gemeinde wieder weniger Steuereinnahmen und dadurch wiederum sinkt die Neuinvestition der Öffentlichen Hand in die

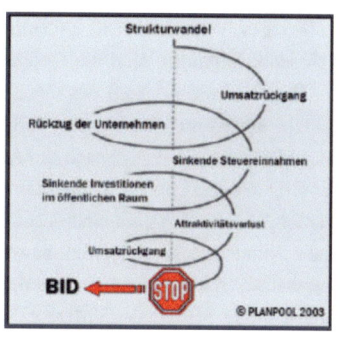

Abb.1 „BID als weg aus dem Downgrading" aus DALLGAHS (2004:4)

Unternehmen. Eventuell werden auch die Steuern erhöht, was den Gewinn der Unternehmen weiter schmälert. Dadurch verlassen noch mehr Unternehmen das Gebiet und die Schraube (Downgrading) geht immer weiter (Abb. 1).

Die Center haben ihre entscheidenden Vorteile gegenüber den innerstädtischen Einzelhandelsgebieten. Die Center bieten im Gegensatz zu den innerstädtischen Einkaufsgebieten gemeinsam genutzte Waren an. Die Wege sind Kurz und für Sauberkeit und

Sicherheit ist gesorgt. In Deutschland hat sich die Zahl der Einkaufszentren von 1970 mit 14 Stück, auf 338 Stück im Jahr 2003 ca. um das 25fache erhöht (HANDELSKAMMER HAMBURG 2004:10). Die BID´s werden daher als Möglichkeit gesehen diese innerstädtischen Gebiete wieder attraktiv und damit konkurrenzfähig zu machen. Die Zentren der Städte die hiervon meist betroffen sind haben auch wichtige Gesellschaftliche Aufgaben, wie die Identifikation mit der Stadt und deren Geschichte. Die Zentren sind oft auch Mittelpunkt des Gesellschaftlichen Lebens durch Verwaltung und Kirche sowie auch Kultur und Freizeitgesellschaft (HANDELSKAMMER HAMBURG 2004:7). (event. Abb)

2.1 Was sind BID´s und wie funktionieren sie

DIE HANDELSKAMMER HAMBURG (2004:15) definiert ein BID als „ein räumlich klar abgegrenzter (innerstädtischer) Bereich, innerhalb dessen die Grundeigentümer und Gewerbetreibenden zum eigenen Vorteil versuchen, die Standortqualität durch die Bereitstellung partieller öffentlicher Leistungen, die aus dem Aufkommen einer selbst auferlegten und zeitlich befristeten erhobenen Abgabe finanziert werden, zu verbessern.
Was heißt das im Einzelnen? BID´s entstehen nur durch private Initiative der Grundstücksbesitzer und Ladenbesitzer. Wenn mehr als 50% der Besitzer ein BID aufbauen wollen geschieht dass. Die anderen müssen diesen Schritt mit tragen. Durch gesetzliche Rahmenbedingungen sind die Geschäfte zu einer bestimmt Abgabe verpflichtet, die sich in der Regel an die m^2 Zahl des Geschäftes richtet. Für das BID wird dann ein Businessplan erstellt. In diesem Plan werden Verbesserungen in Sauberkeit und Sicherheit sowie Service oder Möblierung erreicht, auch die Ausrichtung von Event oder einfach nur die Werbung für das BID sind Aufgaben die jetzt Zentral gelöst werden. Dadurch soll der Standort attraktiver werden, so dass sich zum einen neue Betrieb und Geschäfte ansiedeln und zum anderen auch mehr Kunden zum einkaufen bewegen. Der Business Plan läuft auf 5 Jahre und wird automatisch nach dieser Zeit beendet (sunset clause) wenn die beteiligten Geschäfte nichts Gegenteiliges beschließen. (MENSING 2003:10, BLOEM 2003:5)

2.2 Gründung und Finanzierung

Die Gründung geht von der lokalen Wirtschaft aus, die dazu ein Komitee bildet das sich mit der Problematik auseinander setzt. In den ersten Sitzungen werden Grenzen und Ziele des zukünftigen BID´s abgesteckt und die Betroffenen Ladenbesitzer werden motiviert sich an Projekt zu beteiligen. Wenn dann ein Antrag an die Stadt gestellt wird, muss sichergestellt sein das 50% der Anlieger und 50% der Ladenfläche mit der Gründung des BID´s einverstanden sind. Erst wenn das erfüllt ist, kann der Gründung zu gestimmt werden.

Bei der Finanzierung kommt das Besondere der BID´s zum Vorschein. Sobald das BID von mehr als 50% beschlossen wurde, müssen sich alle daran halten. Es gibt keine „Trittbrettfahrer". Der entsprechende Beitrag wird einfach an die örtliche Steuerbehörde abgeführt und diese führt es dann wieder an die entsprechende Institution ab, die sich um das Management des BID kümmert. Über die Höhe des zu entrichtenden Betrages gibt es verschiedene Vorstellungen. In den kanadischen BID's wird die vorher vereinbarte Summe mit dem Grundstückswert multipliziert und die durch das gesamt Vermögen aller Grundstücke geteilt. Daraus ergibt sich der Betrag den Jeder Grundstückseigentümer zu bezahlen hat. Die Geschäftleute die nur Mieter sind beteiligen sich auch aber geringer als die Eigentümer. Wohnungsbesitzer und Mieter beteiligen sich nicht da sie keinen wirtschaftlichen Vorteil von der Aufwertung des Standortes haben. Das nötige Budget wird jedes Jahr neu festgelegt und wird im ersten Jahr von der Stadt vorgestreckt. Die Aufgaben der Stadt sind außerdem vorher vertraglich festgelegt, so dass die Stadt nicht ihre Aufgaben vernachlässigt, was dann dem BID schaden könnte. Auch größere Bauprojekte werden selten mit BID-Geldern realisiert, es ist in einigen Bundesstaaten sogar gesetzlich verboten (KIRU 2003:11).

3 Bid's in den USA

Als Beispiel für ein funktionierendes BID soll hier das Lincoln Square BID in New York City (LSBID) vorgestellt werden.

Der LSBID erstreckt sich von der 58. bis zur 70. Street und von der 8. bis zur 10. Avenue. Er wurde 1997 gegründet und verwaltet 2004 ein Budget von 1,2 Mio. US$. Mitte der 80er Jahre wurde in New York das erste BID gegründet, das Grand Central BID. Mittlerweile existieren in New York 45 BIDs und weitere 20 sind geplant (dies stellt bereits einen Indikator für den Erfolg dieser Bündnisse dar).

In den 80er Jahren bot New York City laut TRIPPEN (2004:7) ein erschreckendes Bild. Steigende Kriminalitätsraten, zunehmende Verwahrlosung öffentlicher Räume, Bettler, Obdachlose, Drogenabhängige, Jugendgangs und Raubüberfälle prägten weite Teile der Stadt. Die Straßen waren dreckig, hässlich und geprägt von Vandalismus. Der Niedergang ganzer Geschäftsviertel und Einkaufsstraßen war die Folge. Die Stadt verfügte nicht über die finanziellen Mittel diesen Verfall zu stoppen und die Polizei praktizierte die „radical non-intervention"

Methode. So ging die Kontrolle über Straßen, Parks und Geschäftsviertel verloren. Die New Yorker Bevölkerung fühlte sich zunehmend unsicher. Nun mussten die ansässigen Geschäftsleute durch Eigeninitiative die Situation verbessern. Ziel war es in erster Linie die Geschäftsviertel zu revitalisieren, vor allem durch Investitionen in den öffentlichen Raum und in die Sicherheit. Das Motto des LSBID lautet: ‚cleaner, safer and more beautiful'. So hat das LSBID sich beispielsweise um die Pflege und Gestaltung von Straßen und Gehwegen sowie

Laternenmasten und Mülleimern gekümmert. Es wurden z.b. Blumenbeete und Grünflächen angelegt, wofür das BID im Rahmen des ‚Broadway Malls Beautification programms' den ‚New York City Neighborhood Development Award' bekam. Innerhalb des BID's wird 13 Stunden am Tag gereinigt. Die regelmäßige Räumung von Straßen und Gehwegen im Winter hat ebenso Priorität. Sicherheitskräfte die durch Funk miteinander verbunden sind patrouillieren durch die Straßen und dienen nicht nur der Abschreckung, sondern auch als Informationsquelle für Besucher. Die Existenz mobiler Informationsstände macht deutlich, dass Service und Information ganz groß geschrieben werden. Um Kunden anzulocken werden in regelmäßigen Abständen „special events" organisiert. Man unternimmt des Weiteren Versuche Unternehmen anzusiedeln und die Verkehrsinfrastruktur aufzuwerten (Parkleitsysteme, ÖPNV). „Ein wichtiger Bestandteil der Arbeit sind außerdem Kundenbefragungen und Marktanalysen" (TRIPPEN 2004:8). Mit Hilfe sozialer Dienste und Kooperationen mit Schulen und Universitäten und Hilfsprogrammen für Obdachlose versucht an die Präsenz gesellschaftlich niedrig gestellter Bevölkerungsgruppen in den Straßen zu minimieren, um das Image des Standortes aufzuwerten. In verschiedensten Befragungen und „Ratings" bezüglich Kundenzufriedenheit und Einkaufsgefühl schneidet das Gebiet des LSBID seit der Gründung des Bündnisses immer außerordentlich gut ab.

4 Ausgangslage in Deutschland

In Deutschland ist die Einführung des BID schon weit voran geschritten. Die Namen „Bündnisse für Investition und Dienstleistung" sowie „Immobilien und Standortgemeinschaft" (ISG) haben sich etabliert (www₁). Nach ROHÉ (2004:9) müssen wichtige Veränderungen am Konzept der BID's gemacht werden, damit sie in Deutschland erfolgreich sein können. Von der Verfassungsrechtlichen Seite sind die BID's mit ihren Zwangsabgaben möglich, solange die Beteiligten es freiwillig tun. Die Frage ist aber immer noch, ob diese Abgabe als zusätzlich Steuern empfunden wird. Die Deutsche Mentalität sucht bei Problemen immer die Hilfe des Staates. Dies ist bei den Engländern und Amerikaner nicht der Fall. Durch die Pflichtmitgliedschaft in der IHK ist die Bereitschaft für weitere steuerliche Belastung nicht so hoch. In Deutschland existieren auch schon City- und Stadtmarketingorganisationen (www₂). Es gibt auch große Unterschiede in der Verkaufslandschaft. In den USA machen die Shoppingcenter ca. 55% der Gesamthandelsfläche aus, wohin gegen nur 7% in Deutschland durch Shoppingcenter versorgt sind. In amerikanischen Einkaufscentern sind meistens die ortsansässigen Händler vertreten und nicht wie in Deutschland die großen, Deutschland weit agierenden Ketten (Douglas, H&M…).

5 BID's in Deutschland/Hessen

Wie bereits erwähnt sind die Vorbereitungen für BID's in Deutschland schon sehr weit fortgeschritten. Spitzenreiter auf dem Feld der BID's ist Hamburg. Hier ist bereits das erste BID in Deutschland gegründet worden, der „Bergedorf" (www₃). Hierzu wurde bereits Anfang 2004 ein entsprechendes Gesetz verabschiedet, das dies ermöglichte. Beim zweiten BID, dem „Neuen Wall", vollzog sich ein enormer Wandel vom hässlichen Entlein zum schönen Schwan. Zu Beginn verfügte der „Neue Wall" über eine Art Strukturlosigkeit. Uneinheitliche Fassaden, einseitiges Parken, minderwertige Infrastruktur,... alles was einem ausgedehnten „Shoppingerlebnis" im Wege steht (HANDELSKAMMER HAMBURG 2003:4f). In Abbildung 2 ist der Wandel zu erkennen, der im BID „Neuer Wall" vollzogen werden soll. Wie sich erkennen lässt, ist das Ziel der Planer eine attraktive Einkaufszeile zu erschaffen, eine „Top Adresse" (HANDELSKAMMER HAMBURG 2003:6).

Abbildung 2: Rechts: „Neuer Wall" aktuell
(Quelle:AZHAR ARCHITECTURE)
Links: „Neuer Wall" geplant.
(Quelle: www₄)

Betrachten wir uns nun einmal das Bundesland Hessen. Auf den ersten Blick lässt sich sagen das Hessen verspätet auf den „BID-Zug" aufgesprungen ist. Nach dem Hamburger Modell will auch die Hessische CDU-Landesregierung ein Gesetz auf den Weg bringen das BID's in Hessen ermöglicht. Alternativ verfolgt Hessen aber auch das Projekt „Ab in die Mitte", welches seit ein paar Jahren erfolgreich in Nordrhein Westfalen läuft. Im Unterschied zum BID liegt hier der Schwerpunkt auf Kunst und Kultur. Es basiert auf dem Prinzip der Freiwilligkeit und wird durch Ministerien, Kommunen und der einheimischen Wirtschaft organisiert.

Dies macht deutlich das es sich hierbei um ein Public Private Partnership (PPP) handelt (VDW 2005:16f).

Im Bereich der BID's gibt es in Hessen drei Modellstädte. Gießen, Kassel und Marburg (INDUSTRIE UND HANDELSKAMMER HESSEN 2005:2). „Der Gießener Weg" soll hier nicht weiter behandelt werden, das es Thema eines Expertengespräches im Rahmen der Exkursion ist. Zur zweiten Modellstadt gibt es leider keine Informationen über den Entwicklungsstand des BID. Aktiv ist Kassel aber bei der Aktion „Ab in die Mitte Hessen". Hier finden im September zahlreiche Aktionen zum Thema „Kinder, Architekten und Bürger planen Stadt" statt (GUßMANN 2005).

5.1 *MarBID*

Betrachten wir uns nun die Entwicklung des BID in Marburg an. Als Ausgangslage lässt sich festhalten, das durch die Bebauung der Grünen Wiese vor den Toren Marburgs ein hoher Verlust der Attraktivität der Innenstadt zur folge hatte. Ziel ist eine „on-top" Ergänzung der kommunalen Aufgaben durch das Engagement privater Akteure, Verbesserung und Intensivierung der Kooperation zwischen Hauseigentümern und Gewerbetreibenden und die Schaffung BID-ähnlicher Strukturen ohne Gesetz.

Das so genannte „MarBID" existiert bis zum jetzigen Zeitpunkt nur auf dem Papier, da erst am 21. März 2005 die Entscheidung für das BID viel. Vorausgegangen war eine öffentliche Ausschreibung, in der aufgefordert wurde verschiedene Ideen und Projektpläne zu erstellen, wie man die Stadt Marburg attraktiver machen könnte. In enger Zusammenarbeit mit der Stadt Marburg und der CIMA wurden zwischen November 2004 und März 2005 die Projekte ausgearbeitet. In dieser Zeit wurden 50 quartierbezogene Projekte und Einzelmaßnahmen entwickelt. In der Finalen Veranstaltung wurden schließlich vier Projekte gekürt und als Sieger ging das Projekt „Nordstadt" hervor. Platz zwei geht an das Projekt „Biegenviertel", auf den Plätzen drei und vier landen die Projekte „Oberstadt" und „Südstadt" (www5). In einem Telefonat mit ACHIM GEBAHRDT vom 16.08.2005, aus dem Projektbüro MarBID, wurde gesagt, dass alle vier Projekte realisiert werden sollen. In Abbildung 3 ist die räumliche Lage aller vier Projekte zu erkennen. Eine genaue Abgrenzung kann noch nicht gemacht werden, da es noch keine endgültigen Pläne gibt.

Man versucht durch zahlreiche öffentliche Aktionen weitere Partner zu finden. Die Stadt verstehe sich dabei als Partner im Sinne einer PPP (www6). Im Gegensatz zu Hamburg basiert das Vorhaben in Marburg einzig und allein auf dem Prinzip der Freiwilligkeit und Überzeugung, da noch keine rechtlichen Rahmenbedingungen geschaffen wurden. Die Bereitgestellte Entwicklungsplattform dient dabei der „Hilfe zur Selbsthilfe" (CIMA 2005:38).

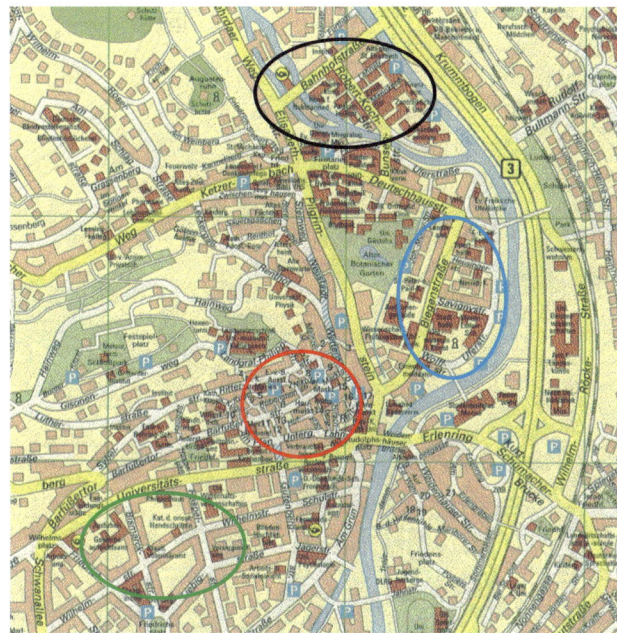

Abbildung 3: BID's in Marburg

Schwarz: Nord-Viertel
Blau: Biegen-Viertel
Rot: Oberstadt
Grün: Süd-Viertel

(Quelle: EIGENER ENTWURF).

Auf einem Kongress zum Thema BID, am 27. Juni 2005 in Marburg, fand ein Wissensaustausch über verschiedene Projekte statt und versuche die besten Ideen zu sammeln. Man war sich aber schnell einig, das man weiter auf das Prinzip der Freiwilligkeit setzen wolle, auch wenn die Gefahr der Trittbrettfahrer bestünde. Hessens Wirtschaftsminister Dr. Alois Rhiel bekräftigte seine Forderung nach einem gesetzlichen Rahmen nach dem Hamburger Vorbild, dessen Entwurf bis zum Jahresende vorliegen soll (BECKMANN 2005).

5.2 *GiBID*

Ähnlich wie in Marburg, kämpft auch die Stadt Gießen mit einem wachsenden Kaufkraftverlust. Zwar besitzt Gießen mit ca. 650.000 potenziellen Käufern ein enormes Einzugsgebiet. Dadurch liegt auch das potenzielle Kaufkraftpotenzial mit 2,5 Mill. €/Jahr deutlich über den Bundesweiten Durchschnitt (INTERNET 1). Aber durch die Schließung einiger amerikanischen Kasernen und Bundeswehrstandorten, den Bau eines Einkaufcenters vor den Toren der Innenstadt und den Attraktivitätsverlust der Innenstadt sinken die Umsatzzahlen des Einzelhandels der Innenstadt deutlich (EBERT 2004: 2-8).

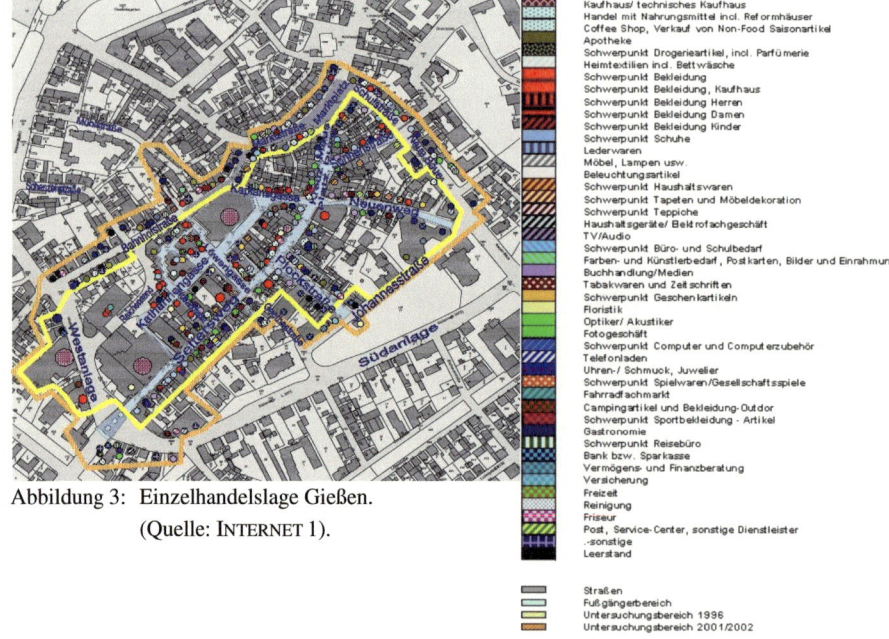

Abbildung 3: Einzelhandelslage Gießen.
(Quelle: INTERNET 1).

Kaufhaus/ technisches Kaufhaus
Handel mit Nahrungsmittel incl. Reformhäuser
Coffee Shop, Verkauf von Non-Food Saisonartikel
Apotheke
Schwerpunkt Drogerieartikel, incl. Parfümerie
Heimtextilien incl. Bettwäsche
Schwerpunkt Bekleidung
Schwerpunkt Bekleidung, Kaufhaus
Schwerpunkt Bekleidung Herren
Schwerpunkt Bekleidung Damen
Schwerpunkt Bekleidung Kinder
Schwerpunkt Schuhe
Lederwaren
Möbel, Lampen usw.
Beleuchtungsartikel
Schwerpunkt Haushaltswaren
Schwerpunkt Tapeten und Möbeldekoration
Schwerpunkt Teppiche
Haushaltsgeräte/ Elektrofachgeschäft
TV/Audio
Schwerpunkt Büro- und Schulbedarf
Farben- und Künstlerbedarf, Postkarten, Bilder und Einrahmungen
Buchhandlung/Medien
Tabakwaren und Zeitschriften
Schwerpunkt Geschenkartikeln
Floristik
Optiker/ Akustiker
Fotogeschäft
Schwerpunkt Computer und Computerzubehör
Telefonladen
Uhren-/ Schmuck, Juwelier
Schwerpunkt Spielwaren/Gesellschaftsspiele
Fahrradfachmarkt
Campingartikel und Bekleidung-Outdor
Schwerpunkt Sportbekleidung - Artikel
Gastronomie
Schwerpunkt Reisebüro
Bank bzw. Sparkasse
Vermögens- und Finanzberatung
Versicherung
Freizeit
Reinigung
Friseur
Post, Service-Center, sonstige Dienstleister
-sonstige
Leerstand

Straßen
Fußgängerbereich
Untersuchungsbereich 1996
Untersuchungsbereich 2001/2002

Derzeitiges Aushängeschild der Stadt Gießen ist noch der Seltersweg. Durch seinen hohen Mix an Filialen ist es die Bedeutendste Einkaufsstraße Gießen darstellt. Abbildung 3 zeigt die momentane Einzelhandelslage rund um den Seltersweg. Ergänzt wird das Angebot durch das Gewerbegebiet West, dass Großmärkte in den Branchen Bau, Elektronik, Möbel und Sport aufweisen kann. Im Herbst 2005 wird in der Innenstadt ein neues Einkaufzentrum, „Galerie Neustädter Tor", errichtet. Dies beinhaltet 85 Fachgeschäfte und 1100 Stellplätze für PKW's (INTERNET 1). Die Idee der Planer ist eine Stärkung des Innenstadt Gießen. Denn durch die Nähe zum nächsten Oberzentrum Wetzlar besteht ein Konkurrenzkampf um die Käufer. Eine neue Runde dieses Konkurrenzkampfes wurde durch die Eröffnung des „Forum Wetzlar" eingeleitet. In einem Vortrag zum Thema BID in Gießen von Herrn DETTLING aus dem Stadtplanungsamt wurde der Konkurrenzkampf allerdings als minimal eingestuft.

Um nun dem wachsenden Verlust der Innenstadt entgegenzuwirken, will man mit Hilfe des BID Gedanken eine Lösung anbieten. Im Gegensatz zum MarBID soll das GiBID mit staatlichen Zuschüssen erschaffen werden. Die Initiative und Wirkung geht hiermit eindeutig von oben aus, was im Gegensatz zur ursprünglichen BID-Idee steht.

Abbildung 4: BID – Bereich der Innenstadt.
(Quelle: HEINZE & PARTNER 2005).

Abbildung 4 Zeigt den Bereich der Innenstadt auf, welcher bei einer BID Gründung in Betracht kommen soll. Man ist sich allerdings noch nicht einig welche Bereiche genau erfasst werden sollen, ob es ein einzelnes BID geben soll oder mehrer kleine. Dies ist nicht zuletzt von den Teilnehmern, also die Grundbesitzern und Geschäftsinhabern anhängig (HEINZE & PARTNER 2005). Um das Interesse der potenziellen Teilnehmer zu erfassen, wurde zum Test zu einer freiwilligen Finanziellen Abgabe aufgefordert. Das Resultat war sehr viel versprechend (DETTLING 2005). Vergleicht man Abbildung 3 und 4 miteinander, so fällt auf des die derzeitigen Grenzen nicht mit denen des zukünftigen BID's übereinstimmen. Was mit den Randbereichen geschehen soll, ist noch nicht geklärt. Der auffälligste Unterschied ist aber die Erweiterung des BID's zum Neustädter Tor, wo sich die neue Einkaufsmall befinden wird. Einen konkreten Fahrplan für die Gründung des BID's existiert bereits. Demnach soll im Jahre 2006 die offizielle Gründung des BID's erfolgen (HEINZE & PARTNER 2005). Interessant dürfte
dabei die neue Gesetzeslage werden, wenn die Hessische Landesregierung Ende dieses Jahres ein entsprechendes Gesetz zum Thema BID verabschieden möchte.

6 Fazit

Wie sich Gezeigt hat gibt es bei der Übertragung des BID Ansatzes auf Deutschland zahlreiche Unterschiede (Mentalität der Deutschen, Steuersystem, Gesetzgebung). Nachdem nu in Hamburg das erste BID auf deutschem Boden erfolgreich gestartet ist, versuchen weitere Bundesländer auf den BID-Zug aufzuspringen. In Hessen gibt es hierfür zwei Modellstadt die unterschiedliche Wege verfolgen. Marburg versucht durch eine von oben eingeleitete Initiative (Hilfe zur Selbsthilfe) ein BID auf die Beine zustellen, Gießen geht dabei den von oben geleiteten Weg. Was erschwerend hinzukommt ist die fehlende Gesetzgebung in Hessen. Wird sie die BID Gründung vereinfachen oder typisch deutsch bürokratisieren und ersticken. Sicher wäre eine Deutschlandweite Gesetzgebung vorteilhafter. Welche der beiden Wege erfolgreicher sein wird hängt jedoch in erster Instanz von den Teilnehmern ab. Dazu muss die Einstellung der Staat sorgt für uns abgelegt werden und eine 100% Selbstinitiative greifen. So gesehen sieht die Zukunft in Marburg besser aus, da hier eine Entwicklung von unten erfolgen soll.

7 Literatur

AZHAR ARCHITECTURE: Projects.
http://www.azhararchitecture.com/Project_98_Neuer.htm Zugriff: 15.08.2005.

BECKMANN, C. (2005): Wirtscahftsförderer: „MarBID ist auf der Zielgeraden angekommen"
In: OBERHESSISCHE PRESSE. 28.06.2005.

BLOEM, M. (2003): Business Improvement Districts. In: CIMA[direkt] Nr.1- Themenheft zu
Business Improvement Districts.
http://www.cima.de/projekte/projektdetails.php?id=306 Zugriff am 11.08.2005.

CIMA (2005):. „Business Improvement" goes Hessen. In: CIMA[direkt] Nr.1.

DALLGAHS, I. (2004): Business Improvement Districts. In: Onlinemagazin urbanes
Management, Nr.3. www.stadtanalyse.de Zugriff am 11.08.2005.

DETTLING, H. (2005): Vortrag zum Thema BID in Gießen.

EBERT, G., (2004): BID – Überlebenschance für die Innenstadt, Vortrag beim
Regionalausschuss der IHK Giessen-Friedberg, Dez. 2004, Giessen.

GUßMANN, R (2005): Internetportal: „Ab in die Mitte Hessen".
http://www.abindiemitte-hessen.de/ Zugriff 16.08.2005.

GORDAN S. & MENSING M.S. (2003): Business Improvement District- ein Modell für
Deutschland. In: CIMA[direkt], Nr.2.
http://www.cima.de/projekte/projektdetails.php?id=306 Zugriff am 11.08.2005.

HANDELSKAMMER HAMBURG (2004): Business Improvement Districts. Quartierentwicklung
durch Eigentümerinitiative. Hamburg

HANDELSKAMMER HAMBURG (2003): Umgestaltung Neuer Wall. Hamburg.

HEINZE & PARTNER (2005): GiBID Newsletter, in IHK Giessen-Friedberg Schriften, Mai
2005. Friedberg

INDUSTRIE UND HANDELSKAMMER HESSEN (2005): Anhörung der CDU-Fraktion im
hessischen Landtag am 13.06.2005.

INTERNET 1: http://www.giessen.de/index.phtml?NavID=640.2 Zugriff am 08.10.05

KIRU, J. (2003): So funktioniert Business Inprovement in Toronto: Grundlagen und
Erfolgsfaktoren. . In: CIMA^{direkt} Nr.1- Themenheft zu Business Improvement Districts.
http://www.cima.de/projekte/projektdetails.php?id=306 Zugriff am 11.08.2005.

ROHÉ, T. (2004): Wir brauchen ein „Deutsches BID"!- Positionsbestimmung. In:
Onlinmagazin urbanes Management, Nr. 3. www.stadtanalyse.de Zugriff am
12.08.2005

TRIPPEN, S. (2004): Der Lincoln Square BID in New York City. In: Onlinemagazin urbanes
Management, Nr. 3. www.stadtanalyse.de Zugriff am 02.09.2005

VDW SÜDWEST (2005):VerbandsMagazin - Landesausgabe Hessen. Nr. 6. Dillingen.

WWW$_1$: Immobilien und Standortgemeinschaft nach Vorbild der erfolgreichen BIDs.
http://www.aachen.de/de/wirtschaft_technologie/einzelhandel/isg/index.html Zugriff
am 12.08.2005.

WWW$_2$: Ab in die Mitte- Die Innenstadt Offensive in Hessen.
http://www.abindiemitte-hessen.de/ Zugriff am 12.08.2005 .

WWW$_3$: Bundesweite Premiere: Erster „Business Improvement District" (BID) in Bergedorf.
http://fhh.hamburg.de/stadt/Aktuell/pressemeldungen/2005/februar/23/2005-02-23-
bsu-bid-bergedorf.html Zugriff: 15.08.2005.

WWW$_4$: Presse Archiv 2004. http://fhh.hamburg.de/stadt/Aktuell/behoerden/stadtentwicklung-
umwelt/bid2,property=source.jpg Zugriff: 15.08.2004.

WWW$_5$: MarBID – Wettbewerb. http://www.marburg.de/detail/24198 Zugriff 16.08.2005.

WWW$_6$: Nordstadt gewinnt MarBID-Wettbewerb. http://www.marburg.de/detail/38194
Zugriff: 16.08.05